MUSIC EDUCATION 全国高等院校音乐教育专业系列教材
音乐教育实践系列

总主编 余丹红

生活中的
自制乐器教程

SHENG HUO ZHONG DE
ZI ZHI YUE QI JIAO CHENG

赵洪啸 编著

上海音乐学院出版社
SHANGHAI CONSERVATORY OF MUSIC PRESS

图书在版编目(CIP)数据

生活中的自制乐器教程 / 赵洪啸编著 . —上海：
上海音乐学院出版社,2021.5
全国高等院校音乐教育专业系列教材
ISBN 978-7-5566-0572-9

Ⅰ.①生… Ⅱ.①赵… Ⅲ.①乐器制造-高等学校-
教材 Ⅳ.①TS953

中国版本图书馆 CIP 数据核字 (2021) 第 092517 号

本书音像专用书号：

ISBN 978-7-88878-162-7

9 787888 781627 >

丛 书 名	全国高等院校音乐教育专业系列教材
总 主 编	余丹红
书 名	生活中的自制乐器教程
著 者	赵洪啸
责任编辑	李 绚
封面设计	梁业礼
出版发行	上海音乐学院出版社
地 址	上海市汾阳路20号
印 刷	上海新艺印刷有限公司
开 本	787×1092 1/16
印 张	7.5
字 数	119千
版 次	2021年6月第1版 2021年6月第1次印刷
书 号	978-7-5566-0572-9/J.1537
定 价	30.00元

全国高等院校音乐教育专业系列教材

编 委 会

总主编

余丹红

顾 问

江明惇　林　华　倪瑞霖

刘靖之　洛　秦　孙维权

上海市音乐教育教学研究基地项目

作者介绍

赵洪啸,生于1969年。1993年毕业于华中师范大学音乐系。现任华中师范大学音乐学院教师,兼任中国陶笛艺术委员会副会长、中国陶笛艺术研究所所长。

2000年赵洪啸创建国内首个音乐教育网站"洪啸音乐教育工作站"。擅长多种乐器演奏、乐器改良制作(已获得中式印第安笛等二十余项乐器改良发明专利)以及多种体裁的音乐创作,曾于2014年在韩国获得"第四届国际陶笛大赛"独奏银奖,2005年至2007年连续四次获得全国葫芦丝巴乌比赛独奏金奖。

在音乐教育领域,赵洪啸首倡音乐自由教学法,并一直以音乐教育主讲专家身份在各地高校、各地教育系统音乐教师专项培训的会场进行专题报告。赵洪啸老师先后出访意大利、日本、韩国、澳大利亚、印度尼西亚等国参加演出、比赛或学术交流活动。

赵洪啸老师一直热心社会公益活动,自2004年开始连续15年利用暑期休息时间组织带领"洪啸音乐教育支教团"自费到各地山区进行音乐支教活动(2004年湖北长阳永和坪、2005年湖南麻阳、2006年云南绥江、2007年贵州关岭、2009年湖北长阳渔峡口、2010年河南嵩县、2011年贵州黎平、2012年四川古蔺、2013年湖北恩施、2014年内蒙巴彦淖尔、2015年甘肃成县、2016年云南普茶寨、2017年新疆克拉玛依、2018年青海班玛县、2019年内蒙古准格尔旗），为当地孩子们捐赠人手一件或多件小乐器并撒播音乐学习的种子。赵洪啸老师应邀先后在湖南卫视（《麻阳支教故事》）、中央电视台（2013年中央教育电视台春晚）、上海卫视（《不一样的人生》）、辽宁卫视（《中国好人》）、山东卫视（《我是先生》）、湖北卫视（《音乐魔法师》）等媒体平台录制节目或专题片。

2005年由他创作并演奏的巴乌独奏曲《哥哥，我的鞋子湿了》获得全国首届葫芦丝巴乌邀请赛金奖与优秀创作奖；《风叶恋》获得2006年昆明葫芦丝全国邀请赛金奖、2006年北京葫芦丝巴乌全国邀请赛金奖，并于2009年被列为全国葫芦丝巴乌考级十级作品；《野狼》获中国民族管弦乐学会主办的2007年全国葫芦丝巴乌大赛演奏金奖与作品创作奖，以其新颖意境、演奏难度、恢宏篇幅和诸多突破创新，被业界专家誉为"中国葫芦丝艺术发展的里程碑"之作，并成为国内代表葫芦丝作曲水平和演奏技艺的巅峰之作。

总序

　　20世纪80年代以来,我国音乐教育领域产生了一系列深刻的改变:以德国奥尔夫教学法的逐渐进入为契机,我国音乐教育领域开始了放眼看世界的历程。

　　最初,教学法以其直指人心的力量为我们打开了一扇面向世界的窗户。慢慢地,我们对音乐教育学的概念逐渐扩展到对整个学科领域的探究,音乐教育学领域宽广博大的研究范畴开始呈现:音乐教育史、音乐教育心理、脑科学与音乐教育、音乐教育管理、音乐教育比较研究、音乐课程论、音乐教育评估、音乐教育社会学与人类学、音乐教育哲学、音乐治疗等等——学科意识由此觉醒,音乐教育学领域开始进入空前发展阶段。

　　至此,学界已对学科疆域与内部体系等结构性问题基本达成共识,音乐教育学学科界定逐渐清晰。

　　上海音乐学院音乐教育系的前身是1927年成立的国立音乐院师范科。在近一个世纪的风雨历程中,音乐教育专业在时断时续的办学历程中坎坷前行。然而,该专业的教育者们始终不忘初心,为我国培养了一批又一批基础教育专才,并从中产生了我国第一位基础教育领域的音乐教研员,以及大量进入一线教学单位和音乐教育理论研究与音乐推广领域的音乐教育者,对我国的音乐教育领域产生了十分积极的推动作用。

上海音乐学院历任领导都对音乐教育专业的重建、管理与建设给予了最大可能的支持。贺绿汀院长一直心系国民音乐教育,早在20世纪80年代初,便创立了上海市中小学音乐教育研究会;江明惇院长在贺老的大力支持下于1997年重建了音乐教育专业,江院长亲自兼任音乐教育系第一任系主任。他们对国民音乐教育的深切期望、对专业音乐学院所需承担的面对社会大众的音乐教育的责任等,都有着独到而深刻的理解,因而给予了该学科足够的自由空间,使其能够遵循其特定轨迹健康成长。在上海音乐学院经济困难的岁月,他们没有任何学科藩篱与偏见,给予了诸多雪中送炭式的帮助,使得该学科得以迅速成长与发展。

在进入21世纪之后,音乐教育系充分继承了自国立音乐院时期师范科的优质教育、精品教育的传统,发挥了上海音乐学院国际化平台的影响力,在学科建设上精益求精,砥砺前行,追求一流。

自2004年开始,上海音乐学院音乐教育系团队在国内、国际音乐教育专业基础与音乐技能等各类比赛中展示了扎实的专业功底:2004年、2014年两次参加教育部主办的"珠江杯"音乐教育专业基本功比赛,均获得五项全能团体冠军、个人冠军;2012年获得美国辛辛那提世界合唱比赛女声组金牌冠军,之前共获得同类比赛金牌六枚。

我们十分重视学科建设的立意与视野,在国内首次正式提出了以音乐教育学理论与实践为专业主干课程的本科教学课程体系,并以此为基础理论框架,进行了课程建设与教材建设,构建了一套扎实的音乐教育学理论课程体系。该学科构建理论在《人民音乐》《中国音乐教育》等刊物上发表之后,引起业内的高度关注与认同。

在上海音乐学院自由开明的学术环境下,音乐教育系开始进入蓬勃发展阶段,开始了第一轮理论丛书体系建设,在2010年左右,第一批三十本左右的专著、译著与教材相继出版。该轮建设获得上海市教委"教育高地"项目支持,2014年,成果之一的钢琴系列教材获得上海市高校优秀教材二等奖。

之后,音乐教育专业开始进入学科建设的快车道:余丹红主编的《中国音乐教育年鉴》是我国唯一的音乐教育行业年鉴,被美国哈佛大学、斯坦福大学、伊利诺伊大学和香港大学等大学的图书馆收藏;余丹红策划并出品的"中国音乐教育(MEiC)系列纪录片"在腾讯视频、YouTube、Facebook等平台播出后,得到了国际同行的热情回应,为世界了解中国音乐教育开辟了一条新途径。

2013年开始,余丹红教授领衔的上海市"立德树人"重点人文基地"音乐教育教学研究基地"成立;2015年,上海音乐学院"高峰高原"项目"音乐教育学团队"获批成立。上海市教委在政策上、资金上给予较大力度的资助投入,将音乐教育学科的研究得以顺利往纵深推进。

在这样的发展背景下,音乐教育学研究团队开始加大音乐教育学理论著作撰写与翻译工作的步伐,大批引进国际一流学术出版社如Oxford University出版社、Springer出版社、R&L Education出版社、GIA出版社、SAGE出版社的音乐教育著作版权,批量翻译出版音乐教育学科代表性专著,在音乐教育学领域有效填补了我国与国际前沿研究之间的沟壑——这是争取国际间平等学科对话的必要前提与保障。同时,我们也针对一线教学与社会教育需求,有指向性地为具体受众群量身定制一批具有可操作性的实践型教材。

感谢我研究团队的同仁与朋友们,正是由于大家为共同的目标而忘我奋斗、不懈追求,才使得我们的研究成果落地,一切成为可能。他们是:

中国音乐学院刘沛教授和他的研究团队;

上海思誉文化传播有限公司计乐和他的团队;

浙江音乐学院音乐教育系教师章艺悦、谢铭磊;

华东理工大学王懿、曹化勤;

华东师范大学出版社余少鹏;

音乐治疗专业团队周平、张新凯;

上海音乐学院研究生高超、罗中一；

留学海外的学生们：吴悠、顾家慰、郭容、胡庭银、朱丽娜；

以及我亲爱的同事杨燕宜、彭瑜、蒋虹、李易忆等诸位教授，和相伴十几年的学生兼同事陈蓉和颜悦。

感谢给予我研究项目支持的坚强后盾：上海市教委基础教育处、上海市教委科研处、上海市教委教研室、上海音乐学院、上海音乐学院出版社、上海教育出版社、上海音乐出版社。

本套新丛书的产生，是在上海市教委科研项目的大力支持下得以付诸实施。我深知我们今天所做的一切，都是未来音乐教育学大厦的进阶之石。当下我们所做的这些工作，既是时代赋予我们的责任与光荣使命，也是我国音乐教育学学科建设与积累的重要组成部分。

音乐教育事业是一项需要全社会关注与支持，对和谐社会的构建、对人格培养有着重大作用的事业。它所承载的不仅是音乐学科知识的传授，还承载着"人的教育"的神圣命题。成功的音乐教育可给予多元情感体验，从而使人拥有更为丰富而润泽的人生。虽然，它不能一鸣惊人，也不能创造直接的物质财富，然而正是这种"润物细无声"的潜移默化功用，才真正体现出"百年树人"的意蕴。

这，也就是音乐教育研究最终指向的理想与目标。

上海市音乐教育教学研究基地主任

上海音乐学院音乐教育系教授、博导

上海音乐学院图书馆馆长

余丹红 博士

2019年3月

万物皆乐器

在任何地方,闭上眼睛,聆听万物之声,我们总是能听到各种声音,是那么的丰富,那么的精致,那么的真切,我们甚至能听出各种声音的色彩和情绪,即使在寂静的封闭环境中,我们也能听到自己的呼吸、感知到自己的脉动。天地万物,皆有各自不同的物理属性、不同的形态、不同的结构,所以,天地万物皆有各自不同的韵律。当热爱音乐的我们有足够的认知体验时,一定会体会到:天地万物皆乐器!作为本书作者的我,正是在四十多年与大自然和音乐的亲密接触中,领悟到了"天地万物皆乐器"的本质规律,才有了自己快乐的音乐人生,才有了越来越多的创意小乐器的发明和越来越多的制作经验,也从而有了我们的这本《生活中的自制乐器》的指导教程读物。

这本教程,是一本比较有趣也常常会让你脑洞大开的教程。书中的各种自制小乐器的制作材料均来自于我们日常学习和生活中的用品,比如吸管、纸张、瓶子、碗碟、杯子、牙签、小豆子、树叶等等,制作工具也很常见,比如剪刀、直尺、胶水和胶带等等。材料和工具虽然大都常见和简单,但是我们认真制作出来的各种小乐器,都会有各不相同的音乐表现力和个性,甚至音准、音色不输给那些昂贵的专业乐器。

在使用生活中的各种材料学习制作出各种小乐器并演奏它们的过程中,

我们会很快理解各种乐器的发音原理以及结构特点,比如排箫、陶笛、古埙、古筝以及一些特殊吹奏乐器和打击乐器等等,我们甚至还可以举一反三地创造出我们教程以外的新式自制乐器。我们在尝试各种自制乐器的过程中,耳朵要聆听、眼睛要看图纸或者乐谱、手要制作或演奏、气息要协调,还要把握演奏小乐器时的音乐表现,这对于我们的专注力、动手能力、创造力的培养以及养成善于"发现"的眼光,都会产生有益的帮助,从而潜移默化地养成我们优秀的综合智能以及音乐修养。

我相信,通过我们教程的学习,热爱音乐、热爱学习、热爱生活的你,一定会有精彩的、创意的表现以及美好的自制乐器体验。当我们能真正学会聆听万物之声,能够真正理解"万物皆乐器"的内涵,我相信你一定会拥有无穷的创造力和美好的创意人生!

赵洪啸

2019年3月6日于华中师范大学音乐学院

目录

1. 吸管膜笛

材料工具：

果茶吸管、剪刀、笛膜、固体胶水。

制作流程：

❶ 剪掉吸管比较尖锐的一端,剪掉的部分为整根吸管的三分之一左右。

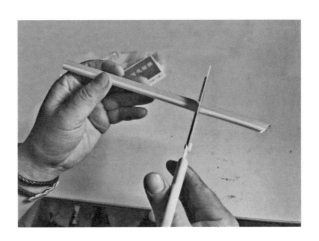

❷ 剪掉吸管的一部分是为了美观和使用便利,声音也会更明亮一些,不剪也不影响发音。

❸ 在距离管口三分之一处弯折一下。

❹ 用剪刀在吸管弯折处剪掉一个小三角形,展开吸管后会形成一个菱形的开口。不要剪得太深,开口的对角线长度控制在1厘米左右。

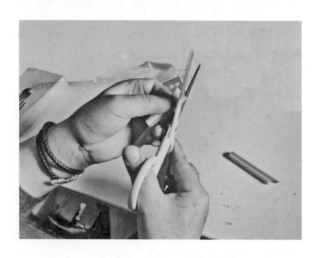

❺ 应特别注意, 不要剪得太深, 开口大小尽量如右图所示。

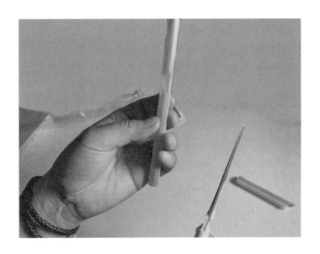

❻ 用固体胶在开口的周边涂满胶水, 开口的边缘和吸管内部不要刮进胶水, 否则影响发音。

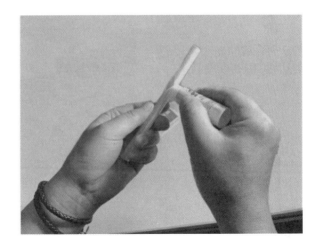

❼ 用手指掐下或用剪刀剪下一小段笛膜, 贴在吸管开口处。

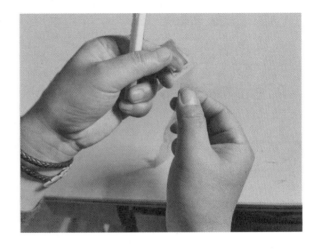

❽ 贴笛膜时,笛膜不要绷得太紧,需不松不紧,完全盖住开口,不留缝隙,贴的方向没有严格要求。

❾ 还可对"吸管膜笛"进行继续加工和美化:在开口下方弯折一下,直到出现折痕后再让吸管恢复到直管状态。此时,"吸管膜笛"已经可以演奏音乐了。

❿ 下面的步骤,可以让我们继续美化"吸管膜笛":用剪刀在吸管尾端自下而上剪出细条,每根细条均剪到吸管的折痕处。

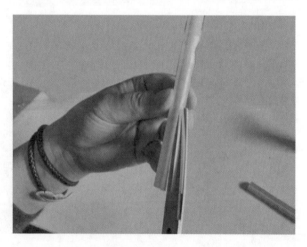

⑪ 由内到外将所有细条用大拇指压开，呈放射状。

⑫ 按各自喜好整理细条形状，可以做成蒲公英或者其他植物的造型，作品完成。

注意事项：

❶ 这种自制乐器非常适合幼儿园、中小学、高校、艺术培训以及家庭的亲子互动。

❷ 贴笛膜时要将吸管的开口完全覆盖住，笛膜不要贴得太紧。

❸ 在制作过程中注意手指不要碰到笛膜，以免弄破。

演奏方法：

嘴唇完全含住靠近开口的这一端，用说话或者唱歌的方式发出"嘟嘟嘟"

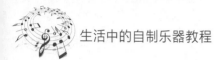

的声音进行演奏。只吹气是不会发声的，需要依靠自己的声音和笛膜发生共振而产生类似萨克斯等管乐的声音，英国的卡祖笛、中国竹笛、台湾地区的一种民间膜笛均是这种发音原理。

2. 饮料瓶膜笛

饮料瓶、美工刀、笛膜、固体胶水、记号笔、剪刀（备用）。

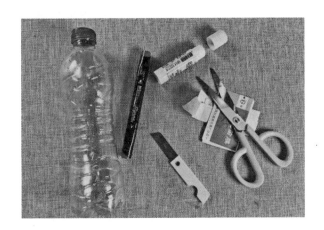

制作流程：

❶ 用记号笔在饮料瓶口处画一个边长为1厘米左右的正方形的开口，同时在饮料瓶底部画一个封闭的圆。

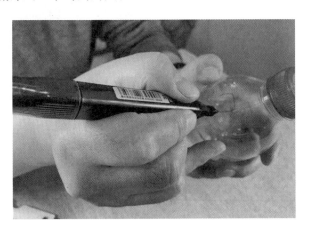

❷ 用美工刀沿着标记割下饮料瓶上的开口和底部。

❸ 用固体胶在饮料瓶开口的周边涂满胶水。开口的边缘和饮料瓶内部不要刮进胶水,否则影响发音。瓶盖丢弃不用。

❹ 将笛膜贴在饮料瓶开口处。笛膜不要绷得太紧,需不紧不松地完全盖住开口,不留缝隙,贴的方向没有严格要求。

❺ 作品完成。

注意事项：

❶ 饮料瓶割开后边缘会比较锋利,需尽量修理平整,小心划伤。

❷ 贴笛膜时要将吸管的开口完全覆盖住,笛膜不要贴得太紧。

❸ 在制作过程中注意手指不要碰到笛膜,以免弄破。

演奏方法：

嘴唇完全含住靠近开口的这一端,用说话或者唱歌的方式发出"嘟嘟嘟"的声音进行演奏。只吹气是不会发声的,需要依靠自己的声音和笛膜发生共振而产生类似萨克斯等管乐的声音。

3. 绿豆药瓶打击乐器

带盖子的空药瓶、绿豆。

制作流程：

❶ 往空药瓶里装半瓶绿豆，并拧紧盖子。

❷ 通过摇晃药瓶获得不同节奏和音色。

注意事项：

亦可用大米、沙粒或其他豆类来代替绿豆，以获得不同的音色。

演奏方法：

❶ 可以通过不同角度的摇摆来设计不同的节奏。

❷ 也可以手拿装着绿豆的药瓶，用手腕敲击桌面，用瓶身敲击桌面获得不同的音色，同时绿豆在里面的沙沙声一直伴随每个音型，这样就获得了三种不同的音色(咚、哒、沙)。

❸ 合理地进行节奏型组合，所演奏出的音型就会比纯粹地摇晃药瓶音色更多样、力度更动感、音色层次更丰富，从而获得更多的音乐表现力。

4. 乒乓沙球

材料工具：

乒乓球、绿豆、车壳开孔器、胶棒、热熔胶枪。

制作流程：

❶ 用车壳开孔器在乒乓球顶端钻一个直径为5毫米左右的小孔。

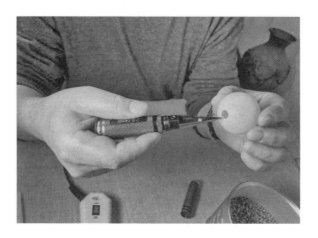

❷ 在绿豆中摇晃乒乓球，重复类似于"舀水"的动作，将绿豆灌入乒乓球中。

❸ 在乒乓球内装入三分之一的绿豆即可。

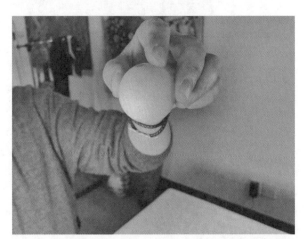

❹ 用热熔枪封住乒乓球的开口，将胶水由外侧向内侧逐渐填满开口。

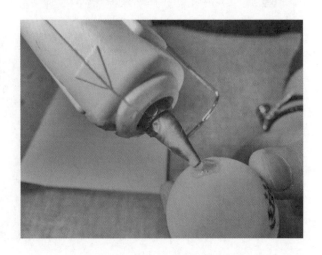

❺ 静置封好口的乒乓球,等待胶水凝固,作品完成。

注意事项:

❶ 亦可用大米、沙粒或其他豆类来代替绿豆,以获得不同的音色。

❷ 开口的大小可以根据填充物的大小进行适当调整,以能刚好装进填充物为标准。

❸ 需静置乒乓球,等待胶水干透后再进行演奏。

演奏方法:

❶ 可以通过不同角度、不同速度的摇摆来设计不同的节奏。

❷ 亦可结合具有不同音色的其他自制打击乐器共同演奏。

 # 5. 铁瓶盖摇铃

材料工具:

瓶盖、细绳、老虎钳、剪刀。

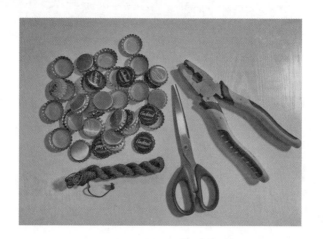

制作流程:

❶ 用老虎钳夹住瓶盖中部。

❷ 将老虎钳夹住的瓶盖下端抵住桌面用力斜压，使瓶盖向中间处弯曲。

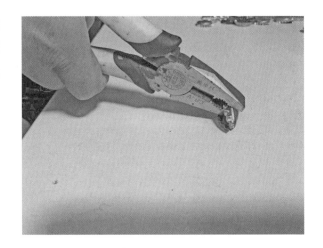

❸ 压好的瓶盖呈水饺状，以这种方式多压一些瓶盖备用。

④ 将细绳剪成长度大约在30厘米左右的若干段,在细绳的一端打两个结,形成一个较大的"球"。

⑤ 将细绳上打双结的那一端放进弯曲的瓶盖里面。

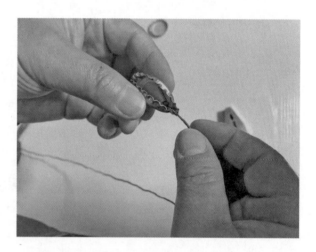

⑥ 用老虎钳将瓶盖的尖角夹紧,固定住绳子。

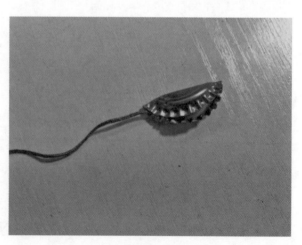

❼ 重复上述步骤，做成一大串摇铃。抓住绳子根部，轻轻摇晃，便能发出悦耳的摇铃声。

注意事项：

❶ 在弯曲瓶盖时可以在桌面垫张纸板，以免损坏桌面。

❷ 制作过程中需注意安全，不要误伤手指。

❸ 瓶盖尖角需夹紧，保证绳子不会掉出来。

演奏方法：

将铁瓶盖上下错落有致地摆放，摇晃绳子即可发声，也可结合其他乐器一起演奏，制造出不同的音响效果。

6. 纸管吸笛

材料工具：

半张A4纸、胶带、剪刀、圆柱形长铅笔、直尺。

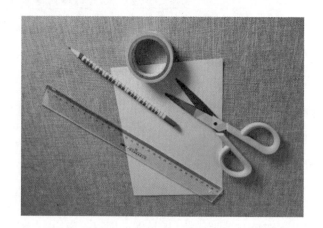

制作流程：

❶ 在半张A4纸的任意一边，先用直尺和铅笔画上一条距离纸边2厘米的平行线条，再在平行线中间部位画两条间距为1.5厘米的平行线。

❷ 按照线条的方向剪下多余部分。

❸ 用铅笔将纸张卷起来，纸张紧贴铅笔，注意应卷得平整密实，不要歪斜或者松垮。

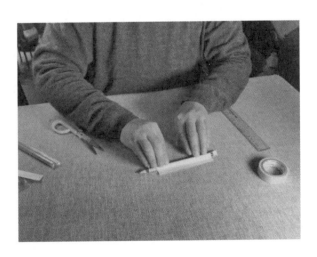

❹ 用胶带固定纸卷，使纸卷更加贴合、牢固。

❺ 纸卷粘好以后，抽出铅笔。

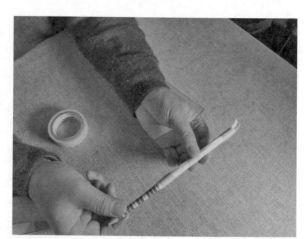

❻ 顶端的纸片为发音的关键，用手指推压纸管顶端纸片的根部，压倒纸片，使纸片与吸管口紧密贴合后再松开。

❼ 纸片根部一定要
压平,松开手指后,纸片
会稍微回弹一些。

❽ 压好后的纸片应
贴近纸管管口,与纸管形
成一点斜角,不能完全覆
盖在纸管口。

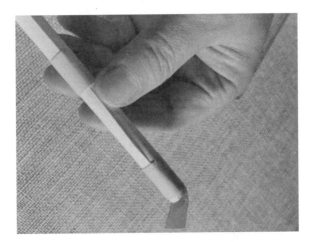

❾ 试着在纸管另一
端由轻到重地吸气,检验
能否发音,能发出声音则
作品完成。

注意事项：

❶ 顶端纸片的长度需超过纸管的直径,要能覆盖住纸管口。

❷ 纸片尽量压平实,保证气流通过时纸片能发生振动。

❸ 若不能发音,需检查纸片长度是否长于纸管直径、纸管是否卷严实等。

演奏方法：

❶ 纸管吸笛需通过"吸气"的方式演奏,而不是"吹气"。

❷ 可以改变气息的长短、频率、强弱等来演奏出不同的音色和节奏。

❸ 通过改变顶端纸片的长短可以调出不同的音高频率。

❹ 纸管吸笛还可以通过长短、粗细、软硬不同的多种样式来改变音色和音量,模仿一些动物的"哼叫声"。

❺ 长短、粗细、软硬不同的"吸笛"会有各自不同的音高,适度调整、组合,可以每人演奏一个音进行多人合作,从而演奏出旋律,这将非常有趣。

7. 吸管吸笛

材料工具：

果茶吸管、干净的A4纸、剪刀、胶带、铅笔、直尺。

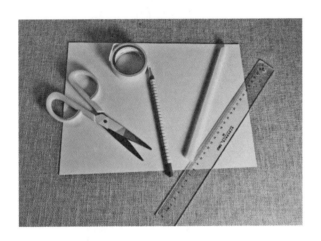

制作流程：

❶ 用剪刀剪平吸管尖锐的那端。

❷ 在纸上距离纸边1.2厘米处,用直尺和铅笔划一条和纸边平行的平行线。

❸ 用剪刀沿着平行线剪出一条宽度为1.2厘米的纸条。

❹ 在纸条上端剪下一段长度为4厘米的小纸片,做吸管吸笛的振动簧片。

❺ 用剪刀剪下一段胶带,贴在纸片底部并垂直于纸片。

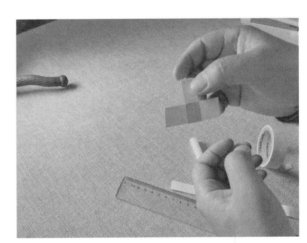

❻ 用胶带将纸片竖向固定在吸管平滑一端的管口上,纸片需超出吸管口2厘米左右。

7 将纸片根部向管口方向往下压紧,稍微用一点力,压到纸片和管口平齐后再放开手指。

8 放开手指后,纸片会弹回,与吸管口形成一定的斜角。

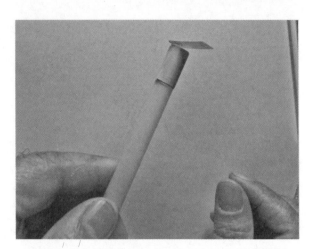

9 作品完成。

注意事项：

❶ 粘贴纸片时,胶带不要超过吸管口,否则会影响发音。

❷ 顶端纸片压平后,长度需超过吸管的直径,需能覆盖住吸管口。

❸ 纸片需尽量压平实后放开,纸片根部也要压平,保证气流通过时纸片能发生振动。

演奏方法：

❶ 吸管吸笛需通过"吸气"的方式演奏,而不是"吹气"。

❷ 通过改变顶端纸片的长短可以调出不同的音高频率。

❸ 吸管吸笛还可以使用不同长度、不同粗细以及不同材质的吸管来改变音色和音量,模仿一些动物的"哼叫声"。

❹ 顶端纸片也可用其他硬一些的塑料片等材料来替换,声音可能会变成音量巨大的"惨叫鸡"。

❺ 长短、粗细、软硬不同的"吸笛"会有各自不同的音高,适度调整、组合,可以每人演奏一个音进行多人合作,从而演奏出旋律,这将非常有趣。

8. 叶 哨

具备一定弹性的新鲜树叶，例如柑桔叶（最佳，全年均可采摘）、大叶黄杨（全年）、未老的女贞树叶、栀子叶、香樟树叶等。本篇图文以常见的绿化带植物大叶黄杨为例制作叶哨。

制作流程：

❶ 摘下一片健康、有弹性的树叶，洗净。

❷ 掐掉或用剪刀剪掉叶尖。

❸ 用手指顶住叶片的前端,向叶面内卷成喇叭状,并保证紧实度。

❹ 卷到叶柄处,叶柄无需卷入。

❺ 大拇指捏扁叶哨顶端,捏紧后放开弹回一小部分,使其形成一个椭圆形的吹口。

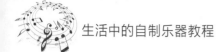

⑥ 用嘴唇轻轻含住捏扁的一端试吹,若能吹响则作品完成。

注意事项:

❶ 树叶需选择表面光滑、边缘无齿、韧性强、不易折断的叶子。

❷ 向内翻卷树叶时,用大拇指抵住叶片,易于叶片弯折卷成筒状。

演奏方法:

❶ 吹奏时嘴唇在叶哨中部偏上的位置,不要只含在最顶端。

❷ 能够奏响后,可用嘴调整松紧并配合气息,就可演奏出一个八度内的乐曲。

❸ 还可用双手包住叶哨,形成一定的封闭空间,通过调整手的开合来产生"呜哇"的不同音色。

9. 双簧吸管笛

材料工具：

可乐吸管、剪刀。

制作流程：

1 剪掉吸管的一部分，剪掉的部分约占整个吸管的四分之一。

❷ 选取吸管的一头作为吹嘴,将吹嘴用指甲掐扁后修剪成梯形,作为发声共振哨片。剪好后试吹,寻找最舒适、稳定的一个声音作为"Do"的基音,也就是"筒音"。

❸ 沿吹嘴垂直线捏扁吸管,在距离吸管尾端约1.5厘米处弯折。

❹ 用剪刀剪切弯折出的小角，剪切口长约3毫米，然后松开弯折的吸管让它回弹成一个菱形的小孔，也就是"Re"的指孔，演奏时放开这个孔为"Re"音。

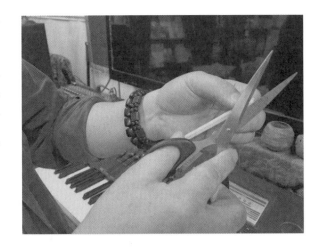

❺ 在"Re"音孔的基础上，每间隔约1厘米处，向上方依次剪孔，一共剪六个孔。其中第三个孔的孔径要比其他孔径小一半，因为第三孔是"Mi"过度到"Fa"的半音孔，所以开孔要小。

❻ 在第六个孔背面上方1厘米修剪出最后一个指孔。孔径只有第一个音孔的一半。它和另一面的第六孔形成半音。这样，我们就制作出了一根能够完整演奏一个八度音域的双簧吸管笛。

❼ 能吹出不同的音高，则作品完成。

注意事项:

❶ 哨口需掐扁后再进行修剪,哨口剪成三角形更易发音,但梯形哨口的音色更为灵动。

❷ 剪开孔时需注意弯折的方向,向哨口侧边折叠。

❸ 指孔开口不易剪得过大。

❹ 根据音高可适当调整开孔的大小,开孔越大,音高越高。

演奏方法:

❶ 将哨口放入口腔内,嘴唇抿紧吸管,需留有气口,稍微用力向吸管内吹气,双簧共振发声。

❷ 通过变换指法来改变音高。

10. 卡片牙签笛

材料工具：

扑克牌、牙签、剪刀。

制作流程：

❶ 将一张干净整洁的扑克牌竖向剪成两半，注意刀口要干净利落，不要留下毛刺。

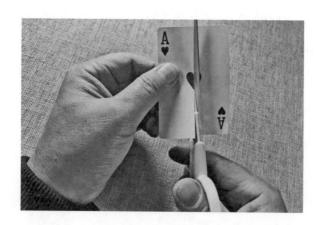

❷ 将剪开的其中一条扑克牌对折,用一根牙签垂直放在对折后的背面,牙签顶端距离扑克牌顶端处留出五分之一的位置,最后将超出扑克牌部分的牙签从扑克底端的位置折断。

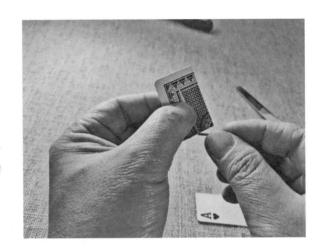

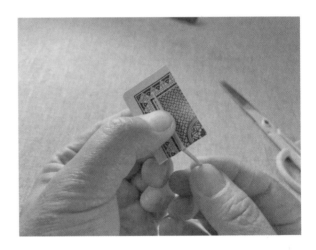

❸ 打开对折的扑克条,将折好的牙签折断处向下,尖头朝上,垂直放置在扑克牌折痕底部的中间位置。

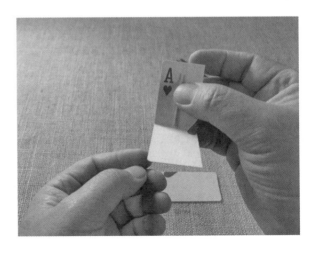

❹ 合拢扑克牌,注意大拇指和食指一定要从外面捏住牙签所在的位置,不要移动牙签。

❺ 作品完成。捏住对折后的扑克牌底部,捏紧扑克中间的牙签,开口朝上,将嘴唇含住卡片底部,用适当的力度向里面吹气,能够发出声音则作品完成。

注意事项：

① 建议使用全新的扑克牌,扑克牌表面需干净光滑,边缘部位不能毛糙。

② 也可用崭新的一张名片或者同等厚度和弹性的塑料片代替扑克牌。

③ 中间牙签的长度需占扑克牌长度的五分之四左右,不能太短或太长。

④ 放置牙签时,牙签底部需与扑克牌折痕紧密贴合。

演奏方法：

① 捏住对折后的扑克牌底部,开口朝上,将嘴唇轻轻含住卡片底部,再使用适当的力度向里面吹气,切记不能用牙齿咬住卡片或者用嘴唇抿紧卡片。

② 调整气息强弱,并适度调整嘴唇在卡片上的前后位置来改变音高,可以演奏出比较宽广的音域,甚至可以吹奏出一些歌曲或者器乐曲。

11. 纸盒单弦琴

材料工具：

纸盒、橡皮筋、钉子、马克笔、果茶吸管。

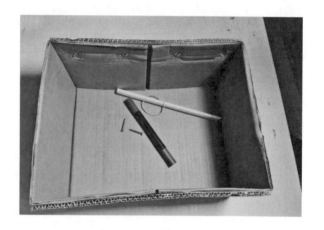

制作流程：

❶ 在纸盒中间靠前靠上的位置，将一颗钉子由外向内按入纸盒内部，钉子需露出一截在盒体外，不要全部按进去。

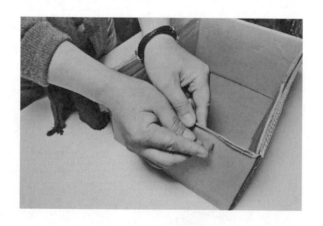

❷ 在纸盒另一端相对应的位置，以同样的方式按入一颗钉子。

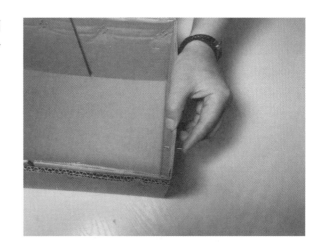

❸ 将橡皮筋的一端套进纸盒右端的钉子头上挂住并适当拉扯一下皮筋。

❹ 将橡皮筋由钉子头部开始，逐渐向后拧成一股绳，由两根橡皮筋变成一根相对较粗的橡皮筋。

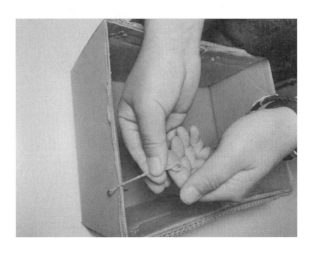

❺ 拉开橡皮筋,绷直,将橡皮筋另一端钩在左侧的钉子头上固定。

❻ 用手指试着拨一下橡皮筋,这就完成了"纸盒单弦琴"中的"弦",可以试着一手拨弦,另一手按弦来演奏。

❼ 用吸管来替代按弦的手指,在拨弦的同时另一只手拿吸管按压橡皮筋不同的部位,会获得不同的音高。

❽ 以空弦为最低音,通过按压不同位置逐步构建不同音名。我们可以一边试听一边用马克笔在琴弦上标记不同音名的位置,以方便之后更加准确地演奏乐曲。

❾ 试出音高后逐个标记在琴弦上。

❿ 标记好音高后便可以畅快地进行各种乐曲的演奏了。

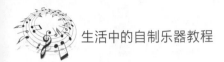

注意事项：

❶ 橡皮筋拉开后的长度要和纸盒的长度或宽度相匹配,保证橡皮筋松紧适度,能弹出基本音。

❷ 按压弦的吸管材质硬度需中等偏硬,材质太软的吸管会影响弹奏的音色。

❸ 随着弹奏时橡皮筋的松紧变化和钉子的位置挪动,标记好的音高会有些许偏差,需边演奏边微调音高标记。

演奏方法：

❶ 一手用吸管轻按弦,另一手拨动琴弦,通过按压橡皮筋不同的位置来改变音高。

❷ 演奏时可以先拨动弦,同时吸管在不同标记之间滑动,演奏出滑音的效果。

12. 纸箱琴

材料准备：

大纸箱（本教程中使用的纸箱长度为78厘米、宽度为58厘米，也可选择箱体较大且完整、箱体偏硬偏厚的其他规格纸箱）、长条气球若干、马克笔、钉子若干、黏土胶、石蛋若干、直径为40毫米的水枪筒（也可以用直径40毫米的纸管或PVC管代替，长度基本等于箱体的宽度或者长度）。

制作流程：

❶ 用胶带固定纸箱，使纸箱的稳定性更好，完成后在纸箱宽边的一侧用马克笔做好标记，每个标记间隔距离大约在5厘米。根据箱体的大小，可以自由决定间距和标记的数量。

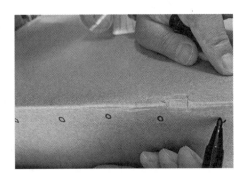

❷ 在每个标记处分别扎入钉子（可用手指按压进去，也可以使用钉锤或者小石块敲进去），每个钉子的顶端需留一些空隙在箱体外。在纸箱另一侧对应的位置也用同样的方式固定好钉子。

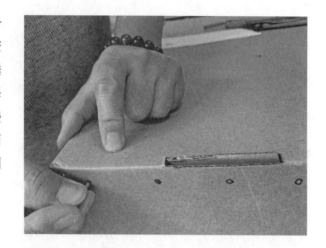

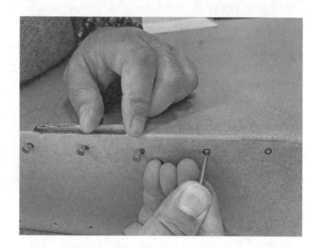

❸ 将一根长条气球的一端系在一侧钉子上，缠绕两圈，并打两次结以固定。

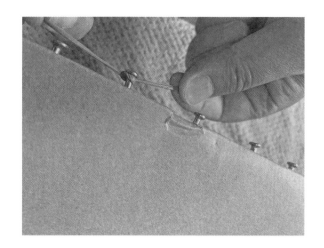

❹ 在一侧钉子上固定好长条气球后，捏住气球另一端并拉长，拧成紧绷的绳状，然后将其在纸箱另一侧对应的钉子上绕几圈，打结固定好。先在纸箱的上、中、下三个位置做出三根弦，然后做出其他的弦。采用此种顺序绷弦是为了在制作过程中让箱体受力均匀，以保证箱体不变形。弦绷得越紧，声音越高，反之低沉；如果弦太松垮，声音会很弱甚至不发音。

❺ 用水枪筒的外管作为琴桥放在纸箱左侧边缘位置，并用钉子固定住琴桥。琴桥也可以用木棍、竹竿、PVC管、纸筒、金属管等其他材料代替，圆柱形或者带有棱边的物体都可以，长度大致等于箱体宽度。

❻ 绷好弦以后，用石蛋作为琴马，放在琴弦下方靠纸箱右侧的位置，用于调节音高。调音的方式为一手调整弦下石蛋的位置，一手拨奏琴弦。找到准确的位置后，用一小团黏土胶固定石蛋的位置。

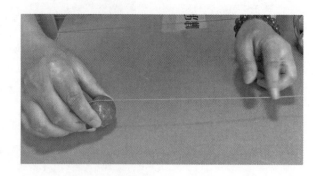

⑦ 使用同样的方法，做好其他的琴弦，并用马克笔在石蛋上标记好音名或者唱名，纸箱琴就完成了。调音的过程可以借助专业的调音器进行。

注意事项：

❶ 所选用纸箱的长度或宽度要大于50厘米，才能保证声音比较浑厚并可以安装更多的弦。纸箱箱体的材质要结实耐用，有破损或者偏软偏薄的纸箱容易变形且音质不好。

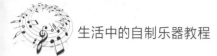

❷ 石蛋、长条形的气球、水枪筒等材料价格低廉，可通过电商购买，代替水枪筒做琴桥的PVC管在五金店很常见。

❸ 可预先用胶带加固箱体，防止因持续的拉力而变形。

演奏方法：

纸箱琴的演奏可以有多种形式，可以手拨，也可以用两根粗大的果茶吸管当琴竹像敲扬琴那样演奏，还可以一手按摇石蛋琴马、一手拨弦华彩地进行演奏。

13. 碗碟鼓

材料准备:

碗、碟(不限种类)、一双筷子。

制作流程:

❶ 将碗托在手心。

❷ 用筷子敲击，或者手指弹碗边，若得到的声音清脆且有延音持续发声，就意味着这个碗是适合做碗鼓的好材料。

❸ 将碟子用五个指尖悬空托起，用同样的方式测试碟子。挑选出一套合适的碗碟鼓，按照自己的想法排列组合起来。

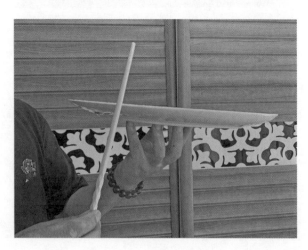

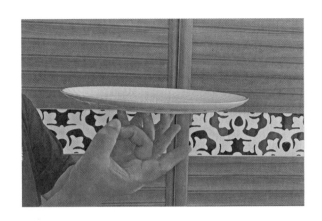

❹ 挑选出一整套碗碟鼓后，我们就可以用一双筷子敲击演奏了。注意，即使是同一个碗或者碟子，筷子敲击的部位不同，所获得的音色效果也不同。我们可以利用多个碗碟不同的音色效果丰富声音和节奏进行演奏。注意筷子轻触碗碟打击部位后应立刻弹起，这样音色会更好听、灵动。

注意事项：

演奏时力度要适中，注意拿筷子的方式，双手的大拇指和食指轻捏住筷子粗大的一头，放松手腕、手指进行敲击演奏，保持筷子敲击时的弹性和颗粒感。

14. 保鲜膜碗碟鼓

材料准备：

大小不同的碗、碟若干、保鲜膜、两根粗大的果茶吸管。

制作流程：

❶ 将保鲜膜用适当力度拉开，使其绷紧在碗口。

❷ 将保鲜膜覆盖在碗壁,压紧,用另一只手切断保鲜膜。注意保鲜膜的完整性,不要将碗口上的膜扯坏。

❸ 将保鲜膜褶皱处向各个方向尽可能拉伸平整,碗(碟)口圈内不要扯破,保持平整密封状态。

生活中的自制乐器教程

❹ 保鲜膜碗鼓就制作完成了。

❺ 用两个手指捏住吸管演奏，注意吸管轻触鼓面后应立刻弹起。特别提醒：用筷子、勺子等硬物当鼓槌很容易损坏膜面，并且不如果茶吸管的敲击声动听，因此不建议用筷子、勺子等硬物代替使用。

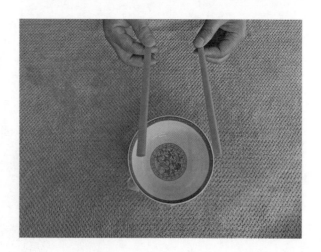

❻ 使用相同的方法继续制作保鲜膜碟鼓。

❼ 以此类推,可以制作出一整套保鲜膜碗碟鼓,达到音色丰富、层次分明的发声效果,我们就可以尽情玩耍啦。

注意事项:

❶ 任何碗碟按照教程的要求蒙上保鲜膜都可以成为乐器,但需注意:碗碟表面应保持干燥、干净,不要沾水;在碗碟口面完整蒙上一层保鲜膜,注意要向各个方向适度拉开并使其绷紧,膜面尽量不要有褶皱,也不要扯破。

❷ 切记不要用筷子等硬物当鼓槌,否则不仅声音不圆润而且很容易打坏膜面。鼓槌最好用吸管,喝可乐的细吸管和喝果茶的粗吸管都可以,粗的吸管音量会更大一些。

❸ 用手指来演奏"保鲜膜碗碟鼓"效果也很好,但需注意,手指只能敲击膜面靠近碗碟边缘的那一小圈,千万不要敲击膜面中间的部位。

15. 气球皮鼓

材料工具：

空罐子、气球、果茶吸管、剪刀。

制作流程：

❶ 剪掉气球上靠近吹嘴、较窄细的那端。

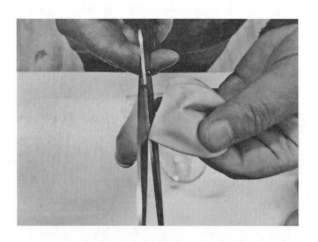

❷ 将大的这部分气球皮绷开,蒙在罐子的开口上。如果新气球内壁有滑石粉,请清洗干净,或者用干净无粉的另一面蒙住罐口。

❸ 用两根吸管当鼓槌,就可以演奏出悦耳的鼓乐了。

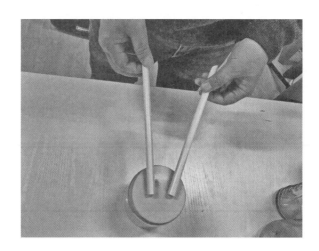

❹ 找一些不同材质、不同大小的罐子或纸筒,可以形成鼓乐队的效果。

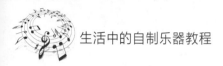

注意事项：

❶ 鼓皮需选择质量上乘、材质中等偏厚的气球，建议使用婚庆常用的标配气球。

❷ 罐子不限材质，可以是塑料罐、玻璃罐、树脂罐等，亦可用杯子、纸筒、薯片筒等来做各种不同音色的气球皮鼓，罐体要比较坚硬。

❸ 气球皮的大小需根据罐口大小剪裁，应完全紧绷在罐口上，不留缝隙。若气球皮滑动，可用橡皮筋固定住气球皮和罐口。

❹ 鼓槌最好选用材质偏硬的果茶吸管。

演奏方法：

演奏时要特别注意，手指捏在吸管底端，鼓槌一触碰鼓面应即刻弹开，不要把鼓槌压在鼓面上敲击，否则声音不灵动。

16. 针管拉笛

材料工具：

1毫升容量的细长针管、剪刀。

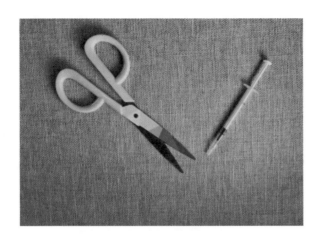

制作流程：

❶ 抽出针管里的活塞。

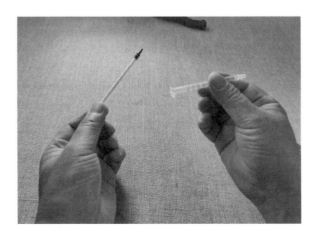

❷ 剪掉活塞前端的细软头，仅保留粗的一段在活塞杆上。

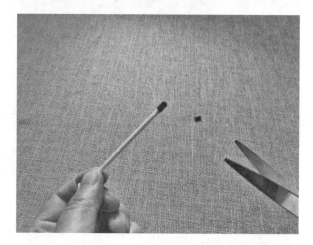

❸ 在针管靠近上端处找到第一个刻度线。

❹ 沿这个刻度用剪刀用力剪断，也可以用刀切断。

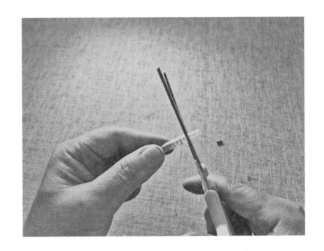

❺ 剪下后刀口可能不整齐，需用剪刀稍微修理平整。

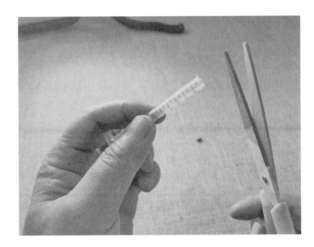

❻ 最后将活塞塞进针筒，把活塞先推拉到针管中间偏下的位置进行试吹。

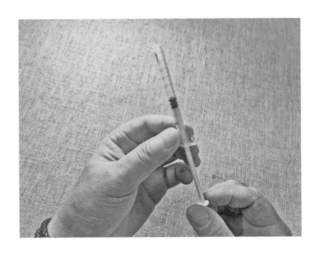

❼ 若能吹响则作品完成。在吹奏的同时,推高或拉低活塞,可改变音高,适度控制,可演奏出音乐或者模仿鸟叫等。

注意事项:

❶ 针管口需尽量修剪平整,避免嘴唇不适,必要时可用砂纸将针管口打磨平滑。

❷ 试吹时先将活塞推拉至针管中间偏下的位置,这个位置最容易吹出声响。

演奏方法:

❶ 试吹时,将注射器靠近下巴,上嘴唇盖过下嘴唇,抿嘴向前平吹,不要仅仅向针管内部吹气。

❷ 初学者注意调整气息角度和口风,尽量吹出明亮的声音来(一旦能吹响,很多专业的乐器比如排箫、竹笛、洞箫、长笛等就几乎可以没有障碍地入门,因为吹奏方式几乎是一样的)。

❸ 吹响以后,可以通过推拉活塞来调整音高,适当控制,就能演奏音乐旋律或者模仿鸟叫,甚至能够模仿人说话的夸张语气和腔调。

17. 吸管排箫

材料工具：

果茶吸管、不透气的海绵垫、可乐吸管、剪刀、胶水、调音器或钢琴。

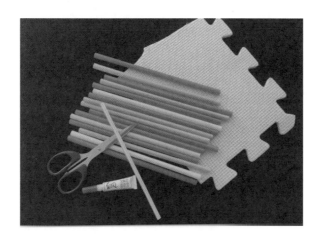

制作流程：

❶ 将吸管剪成长短不一的长度，并排列起来。

❷ 用任意一根吸管的管口在海绵垫上按压出小圈。

❸ 依次剪下按压好的小圈,作为吸管调节音高的塞子。请特别注意,要沿小圆圈外1毫米左右剪出比小圆圈更大的塞子,否则做好的音管塞子处会因为漏气而无法吹奏。

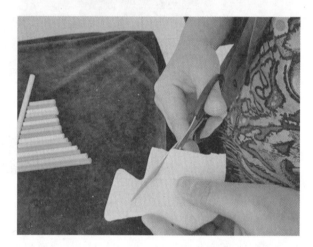

❹ 将剪好的塞子用可乐吸管分别塞入每根吸管中。

❺ 试吹,借助调音器或钢琴,边吹奏边调整每个塞子的深浅,通过深浅程度的不同来调整每根吸管的音高。

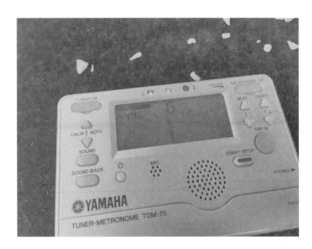

❻ 调整好各个吸管的音高后，将吸管按照从低音到高音的顺序依次摆放整齐，用502胶水在吸管之间的缝隙处粘连，然后静置。待胶水干透后，作品完成。

注意事项：

❶ 泡沫垫塞子的大小必须能完全塞住吸管口，过小的塞子会因为漏气而影响发音。

❷ 涂抹胶水时，需以点状式点在吸管缝隙处，以便于胶水更好地渗入到并列吸管之间的缝隙中。

❸ 用胶水粘连好后，最好静置一天，等胶水完全干透后再演奏。

演奏方法：

吹奏时，将排箫靠近下巴，上嘴唇盖过下嘴唇，抿嘴向前平吹，不要向排箫内部吹气。

18. PVC管排箫

材料工具:

PVC管、手工锯、直尺、不透气的海绵垫、美工刀、铅笔、胶水。

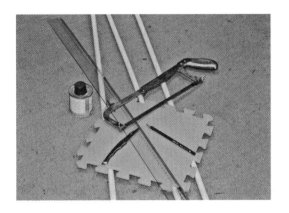

制作流程:

1 参照图纸上的数据,用铅笔在PVC管上依次标记出来。

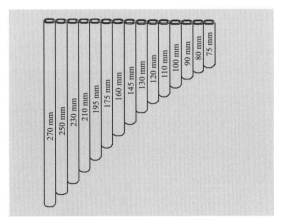

注:管中数据为该管的管长(上下两端的距离)
材料:PVC电线管,规格:外径16 mm、内径19 mm

❷ 使用手工锯在PVC管标记处依次锯下音筒。

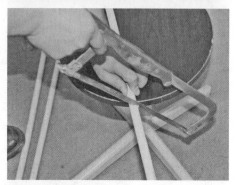

❸ 用PVC管在泡沫垫上按下和音管同等数量的小圈，并逐个剪裁下来。剪裁小圈时，要沿小圈外1毫米左右剪切出比小圈更大的塞子。

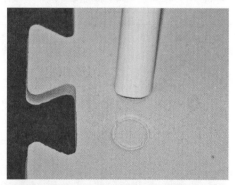

❹ 按照图纸中管口至活塞顶端的距离数据，依次将活塞用铅笔塞入PVC管中。

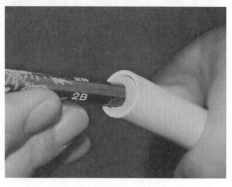

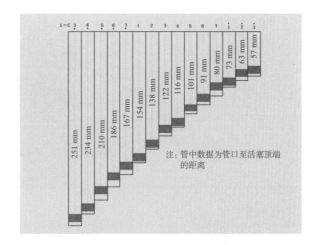

注：管中数据为管口至活塞顶端
的距离

❺ 将单个PVC管按
左长右短的顺序排列在一
起，并用直尺比对整齐。

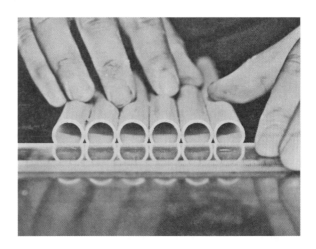

❻ 在各个PVC管边
缘处线形轻轻涂上一层
胶水，将所有PVC管粘连
起来，静置。注意，只需
要在管与管之间的接触
线上涂抹胶水。

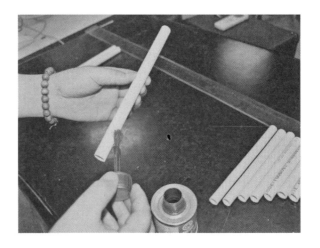

❼ 待胶水干透后，作品完成。

注意事项：

❶ 在使用手工锯时需小心谨慎，注意安全，不要受伤，PVC管锯好后可用砂纸将锯口打磨平滑。

❷ 海绵塞的尺寸需比管口偏大一些，要能完全塞住管口，活塞不可过小。

演奏方法：

吹奏时，将排箫靠近下巴，上嘴唇盖过下嘴唇，抿嘴向前平吹，不要向排箫内部吹气。

19. 葡萄埙

仿真硅胶葡萄。建议使用高仿"巨峰葡萄"的硅胶葡萄。

制作流程：

❶ 从一串硅胶葡萄中取下一颗"葡萄"，找开孔圆滑、平整，葡萄皮薄、均匀的摘下来，便是一个葡萄埙了。

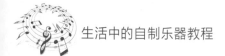

❷ 找到各式符合上述条件的葡萄进行试吹，将较易吹响的留下。

注意事项：

❶ 葡萄埙不需要制作，只需买回现成的仿真硅胶葡萄即可。

❷ 取下葡萄时需注意方式，不要太用力，否则会将葡萄梗留在葡萄中。

❸ 相比较而言，最大个的仿真"巨峰葡萄"最易吹响，也最好发声，音域可达九度以上。

演奏方法：

❶ 用一只手捏在葡萄底端，手指不要挡在吹口的前方，将葡萄贴近下巴，嘴唇微抿，集中气息向吹口平吹，不要刻意向葡萄里面吹。

❷ 吹响以后，自下往上捏葡萄体挤压内部空间，空间越小，声音音调越高。

❸ 多进行边吹边捏的尝试，就能掌握演奏的方法了。

20. 薯片桶残坝

材料工具:

薯片桶、记号笔、剪刀。

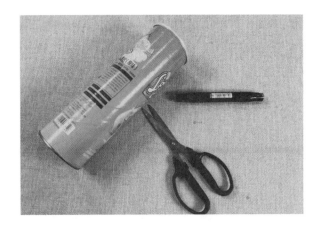

制作流程:

❶ 在带有塑料盖的桶口用记号笔标出直径在2厘米左右,上端宽、下端窄的椭圆形开口。

❷ 取下塑料盖，沿着标记剪下半圆。

❸ 在薯片桶上的标记处剪下相对应的开口。

❹ 盖紧薯片盖，将之与薯片桶身开口处对准后进行试吹。

❺ 在薯片桶的二分之一处用剪刀剪下底部。

❻ 将有开口的一截底端修剪平整。

❼ 作品完成。吹奏时通过手掌的开合来调整音高。

注意事项：

❶ 开口可以剪成 V 型或 U 型。

❷ 也可在薯片桶底部开口，音色会更好一些。由于剪开的部位会比较尖锐，需处理好后再演奏，避免划伤。

❸ 也可以用其他不同材质的罐子或者瓶子来代替薯片桶。

演奏方法：

开口朝上，嘴唇呈微笑状，对准开口，气息与开孔直径平行吹气，同时在薯片桶底端通过手掌的开合来控制音高变化。

21. 塑料罐埙

材料工具：

塑料罐、车壳开孔器。

制作流程：

❶ 在塑料罐底部边缘处，用车壳开孔器钻一个直径在2厘米左右的开口。

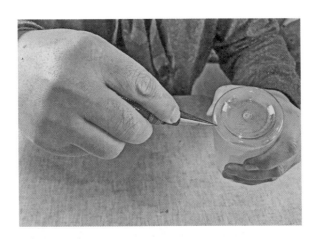

❷ 钻好孔后进行试吹，若找到能吹响的位置则完成过半。注意盖子要旋紧。

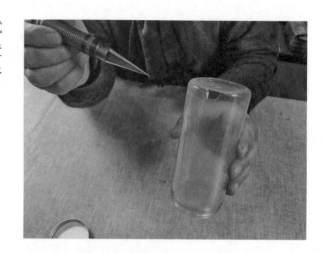

❸ 按照指法图，逐个打出各个指孔，通过听辨或借助调音仪器逐渐调整指孔大小。

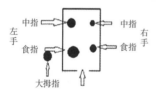

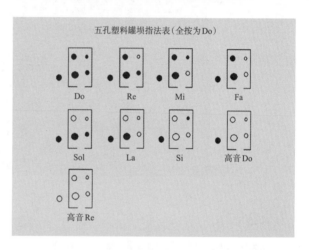

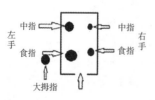

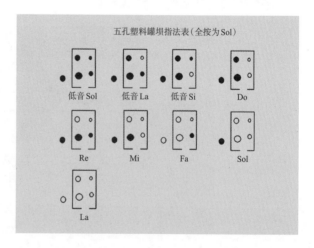

❹ 作品完成。按照指法图可以演奏出许多九度以内耳熟能详的乐曲。

注意事项：

❶ 塑料罐埙的制作有一定的难度,需要制作者有一定的音乐基础或陶埙演奏基础。

❷ 根据塑料罐体积、大小、材质的不同,音孔的大小也会有所不同,教程中的数据仅供参考,具体音高可参考文中的音程关系。

❸ 钻孔时需由小到大进行,边演奏边逐渐扩孔,孔越大,音高相对越高。

❹ 指孔的位置对音高的影响不大,指孔位置的设计可按个人喜好去调整,音高的变化主要是靠钻孔的大小和气息大小来控制。

演奏方法：

❶ 开口朝上,嘴唇呈微笑状,对准开口,气息与开孔直径平行吹气。

❷ 具体指法请参照文中的指法图。气息的大小会改变音高,所以每个音之间尽量保证气息的适度,低音轻吹,高音适度增加气息的力度。

 # 22. 药瓶陶笛

材料工具:

药瓶、吸管、胶带、剪刀、车壳开孔器。

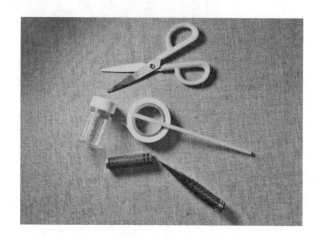

制作流程:

❶ 拧开药瓶盖子,用车壳开孔器刀尖取出瓶盖内的密封垫并丢弃。

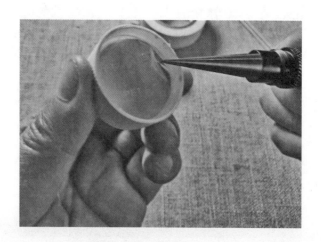

❷ 拧紧瓶盖,用车壳开孔器在瓶盖中间偏下的部位钻一个孔,孔的直径等于吸管顶端捏扁后的宽度。

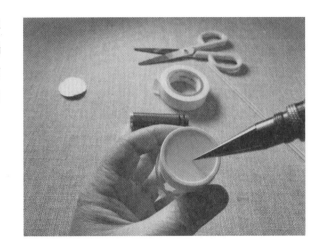

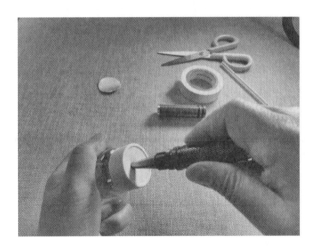

❸ 取出瓶盖内钻孔留下的残渣丢弃。

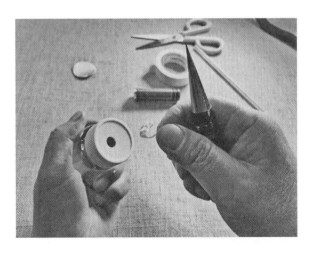

❹ 再次强调,孔的直径等于吸管顶端捏扁后的宽度,这个孔过大或者过小都会影响音准音色。

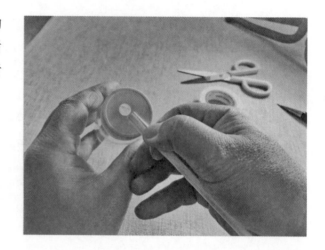

❺ 剪一段长度为10厘米左右的胶带。

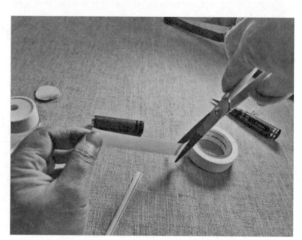

❻ 捏扁吸管前端,将吸管前端垂直放置胶条中部并粘贴,胶条的边缘不要超过吸管前端。

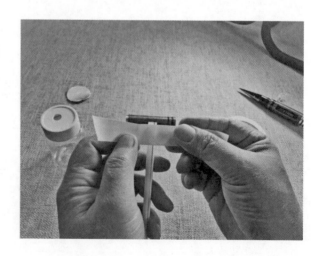

❼ 在瓶盖开孔旁空白较多的一侧,用胶条将前端捏扁但仍能透气的吸管固定在瓶盖上。

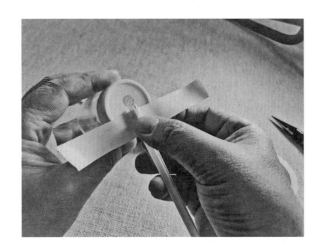

❽ 固定好吸管后,可以轻轻试吹一下能否发音。如果发音成功,那么轻轻吹响时的声音就是这个药瓶陶笛所能演奏的第一个音,后面的音孔(指孔)就基于这个最低音(俗称筒音),逐孔钻出来形成交叉指法的自然音阶。

❾ 药瓶陶笛的基本指法是按照标准六孔陶笛的交叉指法制作,可参照右图和下图的"五孔药瓶陶笛指法表"进行打孔。

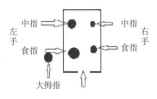

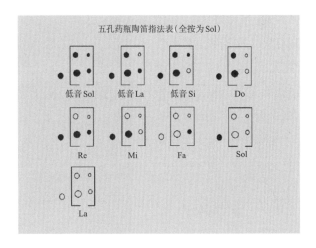

五孔药瓶陶笛指法表(全按为Sol)

低音Sol　低音La　低音Si　Do

Re　Mi　Fa　Sol

La

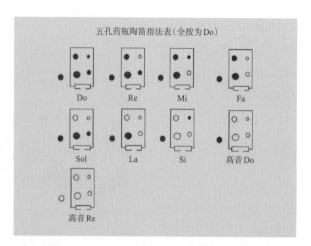

五孔药瓶陶笛指法表（全按为Do）

Do　Re　Mi　Fa

Sol　La　Si　高音Do

高音Re

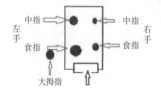

左手　中指　中指　右手

食指　食指

大拇指

⑩ 用演奏陶笛时的正常手位按住瓶身，注意是左、右手食指在上，中指在下，大拇指在后。后面打孔的顺序为右手的中指指肚中心所按的位置，就是第一个指孔的位置（也可以用马克笔将按孔的位置逐个标记出来，方便后面打孔）。

⑪ 在右手中指的位置钻第一个音孔，开孔直径为2毫米左右。钻好孔后进行试吹，放开第一个孔演奏时，和该药瓶陶笛的最低音（俗称筒音）构成大二度的音程关系，假定最低音是Do，那么第一个指孔放开就是Re。

⓬ 在右手食指的位置钻第二个指孔，开孔后和药瓶全按时的最低音（俗称筒音）构成纯四度。这两个孔开好后，交叉指法能演奏出四个音：Do、Re、Mi、Fa。

⑬ 在左手中指的位置钻第三个指孔,第三个孔和筒音构成大六度。三个孔就可以演奏六度以内的乐曲了,比如《小星星》《多年以前》《小蜜蜂》等。

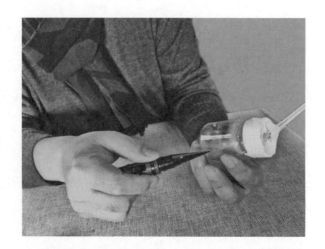

⑭ 在左手食指的位置钻第四个指孔,这个指孔为药瓶陶笛最大的一个指孔,和筒音构成一个八度。四个孔可以演奏一个八度以内的所有乐曲,比如《小毛驴》《小红帽》《生日歌》以及勃拉姆斯的《摇篮曲》等。

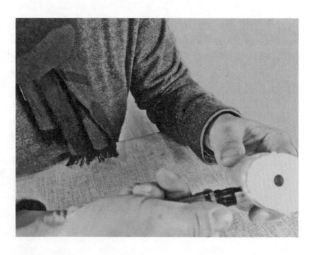

⑮ 在药瓶陶笛背面左手大拇指按的音孔位置钻孔，和筒音构成九度。五孔陶笛可以演奏《故乡的原风景》《雪绒花》《铃儿响叮当》《苏珊娜》《欢乐颂》《龙的传人》《山楂树》《望春风》等旋律优美的乐曲。

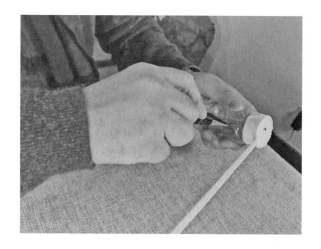

⑯ 将钻孔产生的碎屑和碎渣清理干净。

⑰ 按照图谱指法试吹音阶，并微调每个孔的大小，调整成正确的音高，作品完成。

注意事项：

❶ 药瓶陶笛的制作有一定的难度，需要制作者具备一定的音乐基础或陶笛演奏基础。

❷ 在粘贴吸管时，需先将吸管口捏扁，同时仍留有缝隙。

❸ 根据药瓶体积、大小、材质的不同，音孔的大小也会有所不同，教程中的数据仅供参考，具体音高可参考文中的音程关系。

❹ 需由小到大进行钻孔，边演奏边逐渐扩孔，孔越大，音高相对越高。

❺ 指孔的位置（即上、下、左、右）对音高的影响不大，指孔位置的设计可按个人喜好去调整，音高的变化主要取决于钻孔的大小。

演奏方法：

❶ 轻含吸管，均匀地吹气，具体指法请参照文中的指法图。

❷ 气息的大小会改变音高，所以吹奏时需要注意低音相对轻吹，高音相对用力。

23. 水瓶琴

高腰塑料瓶若干、果茶吸管、水、马克笔、粘土无痕胶。

制作流程：

❶ 将若干个同等型号的高腰塑料空瓶拧开盖子摆成一排(要有一点空隙)。平吹左手第一个空瓶为最低音的基本音,比如空瓶为Do,后面向右逐个加水构成Re、Mi、Fa、Sol、La、Si自然音阶,可以自己聆听音高来调音,也可以利用测音仪器辅助调音。吹奏的音高和用果茶吸管打击瓶口的音高是基本相同的,也就是说,这样做出来的乐器,既是吹奏乐器"水瓶排箫",也是打击乐器"水瓶琴"。

(图片为镜像拍摄)

❷ 在调好音的瓶子上用马克笔逐个标注音名或唱名。

❸ 为确保演奏时瓶身不会轻易挪动,可使用粘土无痕胶将水瓶底部固定在桌面上。

❹ 固定好瓶身后，便可随心所欲地演奏乐曲了。

注意事项：

在瓶口无论是敲击还是吹奏，水装得越多，音调越高，反之则越低。加水或者倒水即可调节音高。

演奏方法：

可以作为打击乐器，用果茶吸管击打瓶口演奏，亦可作为吹奏乐器，对着瓶口平吹来演奏。

24. 气压瓶琴

饮料瓶（可乐、雪碧、格瓦斯等能够承载较大气压的空饮料瓶）若干、气门芯若干、配套的气针、带气压监测的无线手持汽车充气泵、筷子、车壳钻孔刀、马克笔。

制作流程：

❶ 选择耐高压气体、具有流线型外观的饮料瓶，用钻孔刀尖挑开饮料瓶上的塑料包装纸，将其完全撕掉后丢弃，并将瓶内的水渍清除干净。

❷ 在瓶盖上用车壳钻孔刀旋转开孔。开孔不易过大，孔的直径一定要稍小于气门芯平口那端的直径，开孔直径需在3.5—4毫米之间。若开孔口径偏大，会导致饮料瓶漏气而无法制作成气压瓶琴。

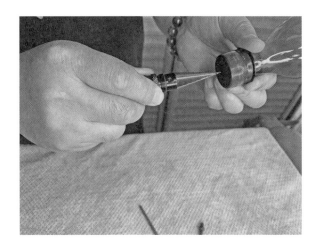

❸ 将气门芯平口的那端，从瓶盖内的孔洞向外穿出固定。

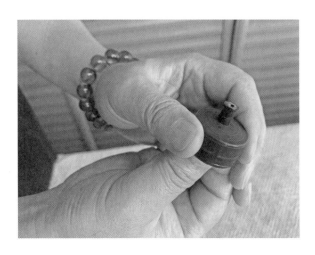

❹ 清理干净瓶身里
的碎屑,将瓶盖在瓶身上
拧紧。

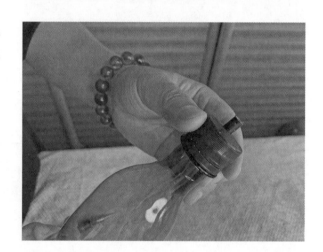

❺ 这时需要用到充
满电的带气压监测的无
线手持汽车充气泵,将气
针小心地插入瓶盖上的
气门芯并穿透。插入气
针时,需注意用手捏住露
出瓶盖外的气门芯部分,
以防气门芯不小心被顶
进瓶内。

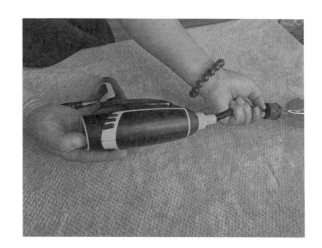

❻ 开启手持汽车充气泵的保险开关和阀门，准备充气。我们可以看到初始的气压数值为0.00。

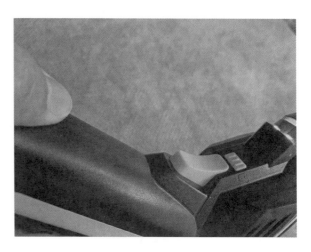

❼ 充气时注意持枪姿势和气压数值。一手持枪充气，另一只手捏住露在瓶盖外的气门芯或者瓶盖外围固定，瓶身要向外，以防万一爆瓶造成的伤害。无充气经验者建议穿戴防护镜、防护手套操作。本教程中气压最高数值为5.5个气压。

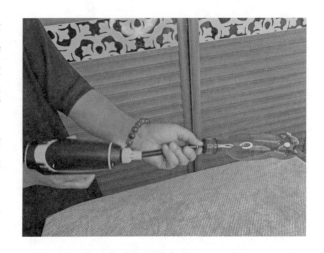

再次强调一下：选用的饮料瓶，必须是质量好的耐气压瓶子，不能使用矿泉水瓶或者假冒伪劣的饮料瓶，否则会有爆瓶的危险。根据笔者的实验结果，在5.5个大气压数值以内，常用的300毫升、350毫升可乐瓶、雪碧瓶以及格瓦斯瓶都没有出现爆瓶的情况。

❽ 为每一个瓶子测音。充气后（每个瓶子内的气压不同），用筷子敲击瓶身，聆听所发出的音高。若音高比预期低，就继续充气；若音高比预期高，就用一个空的气针插入瓶盖上的气门芯放气，直至调整到自己需要的

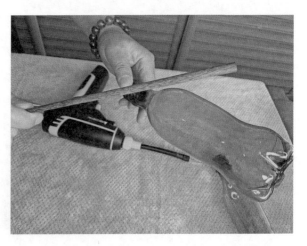

音高。可以借助专业调音器等设备来调音。示范视频采用相对音高，根据笔者的经验制作了一套十度音域、完整半音阶的气压瓶琴样品。

⑨ 再次强调气压瓶琴制作的核心要点：必须使用充气和放气的方式来调节每个气压瓶的音高，气体打进去越多，音越高；反之，音越低。放气时将气针插入瓶盖上的气门芯中，用大拇指堵住气眼，用交替按紧和放开的方式缓慢放气并敲击瓶身进行音高的确认。

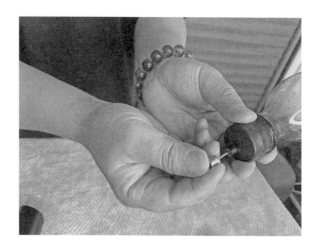

⑩ 用马克笔在调好音高的瓶身上做好唱名或者音名的标记。

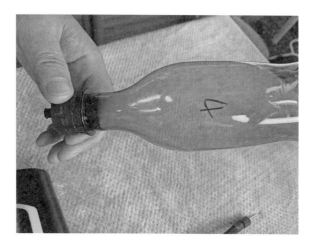

⑪ 按照以上步骤可以做出多个不同音高的单个气压瓶。将其按照音高序列组合起来，就成为一整套气压瓶琴，可以拿在手上玩，也可以固定在竹竿或者架子上敲击，还可以分配给更多演奏者进行音乐组合。气压瓶琴的音色优美，非常有趣味性。

注意事项：

❶ 充气时需注意安全，建议购买带有气压数值检测的无线充气泵，充气的同时监测气压，以确保安全数值。当气压达到一定数值后，不要再贸然尝试加气，以杜绝安全隐患。

❷ 为瓶子充气时，瓶底不要面向任何人。

❸ 瓶盖上的孔洞大小要把握好，宜小不宜大，以让气门芯勉强塞进去为宜。

MUSIC EDUCATION 全国高等院校音乐教育专业系列教材

专业主干课程

《音乐教育学教程》
《音乐教学法教程》
《音乐教育史教程》
《音乐论文写作》
《音乐教学设计》
《音乐心理学理论与应用》
《音乐教育心理学教程》
《神经—音乐心理学教程》
《音乐治疗导论》
《精神障碍的音乐治疗》
《医学环境下的音乐治疗》
《方百里钢琴教学法》
《现代钢琴教学法》

音乐教育理论研究论丛

《中国学校音乐课程发展》
《音乐教育研究论文集》
《德国音乐教育》
《德国当代音乐教学法》
《2016上海音乐治疗大会文论集》
《合唱的世界——年代、历史与地理概述》
《管风琴艺术与传承》
《核心素养导向的音乐教学实践探索》
《音乐教育研究导论》
《重组音乐课堂——走向开放的音乐教育哲学》
《核心素养导向的音乐教学实践探索》

专业技能课程

《钢琴·法国卷》
《钢琴·德奥卷》
《钢琴·中国卷》
《钢琴·美国卷》
《钢琴·俄罗斯卷》
《钢琴·西班牙卷》
《钢琴·拉丁美洲卷》
《钢琴·中欧四国卷》
《钢琴·双钢琴卷》
《钢琴·四手联弹卷》
《声乐·法国卷》
《声乐·德奥卷》
《声乐·中国卷》
《声乐·英美卷》
《声乐·俄罗斯卷》
《声乐·意大利卷》
《声乐·重唱卷》
《西方合唱发展历史》
《节奏与打击乐教程》
《作曲技术理论综合教程》
《上海音乐学院女声合唱团合唱曲集》
《经典练声曲——声音的技巧训练》

音乐教育实践系列

《中小学合唱团训练十课》
《中小学管乐团训练十课》
《中小学打击乐团训练十课》
《中小学音乐教师即兴伴奏培训十课》
《即兴伴奏（演奏）实用教程》
《生活中的自制乐器》
《罗老师的音乐课》
《合唱视唱教程》
《同声合唱练习曲集》
《我们的摇篮——童声合唱歌曲选集》
● 《生活中的自制乐器教程》

◆ 本系列教材将继续扩容，陆续出版。